BEI GRIN MACHT SICH IHR WISSEN BEZAHLT

- Wir veröffentlichen Ihre Hausarbeit,
  Bachelor- und Masterarbeit

- Ihr eigenes eBook und Buch -
  weltweit in allen wichtigen Shops

- Verdienen Sie an jedem Verkauf

Jetzt bei www.GRIN.com hochladen
und kostenlos publizieren

Bibliografische Information der Deutschen Nationalbibliothek:

Die Deutsche Bibliothek verzeichnet diese Publikation in der Deutschen National-
bibliografie; detaillierte bibliografische Daten sind im Internet über http://dnb.d-
nb.de/ abrufbar.

Impressum:

Copyright © 2016 GRIN Verlag, Open Publishing GmbH
Druck und Bindung: Books on Demand GmbH, Norderstedt Germany
ISBN: 9783668349964

Dieses Buch bei GRIN:

http://www.grin.com/de/e-book/344757/bestimmung-der-durchschnittlichen-
lebensdauer-von-myonen

Marvin Kemper, Tim Spürkel

Bestimmung der durchschnittlichen Lebensdauer von Myonen

Versuchsprotokoll

GRIN Verlag

Bergische Universität Wuppertal
Fakultät für
Mathematik und Naturwissenschaften
Fachgruppe Physik

Fortgeschrittenen Praktikum

Lebensdauer Myonen

Marvin Kemper und Tim Spürkel

Abstract (Kurzbeschreibung)

In diesem Versuch wurde ein einfacher Aufbau aus Szintillationszählern und Photomultipliern dazu benutzt die Lebensdauer von Myonen aus der Höhenstrahlung zu bestimmen. Die ca. 3 Tage andauernde Messung führte zu einer mittleren Lebensdauer von $T = 1,6265\mu s$ mit statistischem Fehler von $0,0004\mu s$.

Durchgeführt am: 11.03.2016 Protokollfertigstellung: 25.03.2016

Bewertung Protokoll	max. %	+/0/-	erreicht %
Formales	6		
Einleitung & Theorie	6		
Durchführung Auswertung phys. Diskussion Zusammenfassung	33		
Qualität der Messung	15		

Inhaltsverzeichnis

Abbildungsverzeichnis

Tabellenverzeichnis

1 Theorie

1.1 Das Myon

Das Myon ist ein instabiles Elementarteilchen, das zu den Leptonen gehört und eng mit dem Elektron verwandt ist. Es verfügt über die gleiche elektrische Ladung wie das Elektron, besitzt jedoch eine ca. 200 Mal größere Masse. Myonen entstehen in über 10km Höhe in den äußeren Schichten der Atmosphäre durch Zerfälle von Pionen und Kaonen, die wiederum von hochenergetischen Teilchen aus dem Weltall erzeugt werden, die mit den Molekülen in der Atmosphäre kollidieren. Da Kaonen über mehrere Zerfallsmöglichkeiten verfügen, sei hier als Beispiel nur der einfachere Pionen Zerfall angegeben:

$$\pi^- \rightarrow \mu^- + \overline{\nu_\mu}$$

Die so entstandenen Myonen zerfallen selbst mit einer Lebensdauer von $2,2 \cdot 10^{-6} s$ [1] nach folgendem Schema:

$$\mu^- \rightarrow e^- + \overline{\nu_e} + \nu_\mu$$

Antipionen und Antimyonen zerfallen in die entsprechenden Antiteilchen.

Bei ihrer Entstehung verfügen die Myonen mit ca. 99% Lichtgeschwindigkeit über eine sehr hohe Geschwindigkeit, trotzdem würden sie bereits nach 600m ihre mittlere Lebensdauer erreichen und die Intensität an Myonen somit auf ca. 37% abfallen. Auf der Erdoberfläche, die mehr als 10km von ihrem Entstehungsort entfernt ist, die sie erst nach ihrer 17-fachen Lebensdauer erreichen, würden nur noch kaum messbare Mengen an Myonen ankommen, nämlich ca. 0,000004% der ursprünglichen Intensität. Tatsächlich gemessen werden auf der Erdoberfläche allerdings ca. 200 Myonen pro Sekunde und Quadratmeter, was ein um mehrere Größenordnungen höherer Wert ist, als der klassisch berechnete. Dieses Phänomen ist eine direkte Folge der speziellen Relativitätstheorie und lässt sich durch die Zeitdilatation erklären, durch ihre hohe relativistische Geschwindigkeit vergeht die Zeit für die Myonen nämlich ca. um den Faktor 20 langsamer. Im Laborsystem vergehen also ca. $50\mu s$ bis die Myonen ihre Lebensdauer von $2,2\mu s$ erreichen, da sie in dieser Zeit ungefähr 15km zurücklegen können, erreicht ein großer Teil der Myonen die Erdoberfläche. Der Faktor der Zeitdilatation berechnet sich mit:

$$\gamma = \frac{1}{\sqrt{1 - \frac{v^2}{c^2}}} \tag{1}$$

1.2 Die Lebensdauer

Die Lebensdauer ist ähnlich wie die Halbwertszeit ein leicht verständliches Maß
für die Stabilität statistisch zerfallender Teilchen. Die Lebensdauer gibt die Zeit
an, nach der die Anzahl der Teilchen auf $\frac{1}{e}$ des ursprünglichen Wertes gefallen ist,
die Halbwertszeit die Zeit, bis die Anzahl um die Hälfte gefallen ist. Mathematisch
berechnen sich beide aus der Zerfallskonstante λ, mit der man Zerfallsprozesse
beschreiben kann. In aller Regel folgen physikalische Zerfälle einer Exponential-
funktion und es gilt für die Stoffmenge:

$$N(t) = N_0 \cdot e^{-\lambda t} \tag{2}$$

Für die Lebensdauer T und die Halbwertszeit $T_{\frac{1}{2}}$ gilt dann:

$$T = \frac{1}{\lambda}; T_{\frac{1}{2}} = \frac{ln(2)}{\lambda} \tag{3}$$

Von Bedeutung sind beide Größen, da es einfache allgemeingültige Aussagen zum
Verhalten aller Teilchen im System sind, obwohl jedes Teilchen eine nicht vorher-
sehbare individuelle Lebensdauer besitzt.

1.3 Szintillatoren

Szintillatoren sind prinzipiell alle Stoffe, die eine Wahrscheinlichkeit haben, ein
Photon zu emittieren, wenn sie von hochenergetischen Teilchen oder Strahlung
durchflogen bzw. getroffen werden. Man unterscheidet zwischen anorganischen
Szintillatoren, die immer kristallförmig sind und organischen Szintillatoren, die
kristallin, flüssig oder polymer seien können. Da im Versuch polymere organische
Szintillatoren benutzt wurden, wird im Folgenden nur auf diese weiter eingegan-
gen.
Polymere Szintillatoren haben besonders gegenüber anorganischen Kristallen eini-
ge nennenswerte Vorteile, sie sind thermoplastisch verformbar, stoßunempfindlich
und billiger in der Herstellung, weisen jedoch meist geringere Effizienzen auf und
sind ungeeignet zur Messung von hochenergetischen Photonen. Das Funktionsprinzip beruht auf den π-Bindungsorbitalen von meist aromatischen organischen
Molekülen. Die Elektronen der Bindung werden durch Stöße mit hochenergetischen Teilchen in höhere Energiezustände, sogenannte Fluoreszenznivaues beför-
dert, fallen jedoch nach wenigen ns unter Emission eines Photons in den Grund-
zustand zurück. Das hochenergetische Teilchen wird von dem Stoß quasi nicht
beeinflusst, da nur wenige eV an Energie auf das Elektron übertragen werden.

Prinzipiell ist es für das Funktionsprinzip egal, ob das Fluorophor selbst Teil der Polymerkette ist oder dem Kunststoff nur zugesetzt wurde, jedoch erreicht man deutlich höhere Empfindlichkeiten, wenn die Polymerkette selbst Fluoreszenzfähig ist, da so eine höhere Stoffmengenkonzentration des Fluorophor im Kunststoff erreicht werden kann. Ein Problem der organischen Szintillatoren war lange Zeit, dass für diesen Prozess empfindliche Fluorophore hauptsächlich ultraviolettes Licht abgeben, welches in organischen Materialien allerdings eine sehr geringe Reichweite hat, deswegen mussten polymeren Szintillatoren zusätzlich sogenannte Wellenlängenschieber, z.B. POPOP zugesetzt werden. Dies sind ebenfalls fluoreszente Moleküle die durch UV-Strahlung angeregt werden können und Photonen im sichtbaren Spektrum emittieren, für die das Szintillatormaterial durchsichtig ist. Dies hat zur Folge, das ein vom primären Fluorophor emittiertes Photon innerhalb weniger cm auf ein Wellenlängenschieber-Molekül treffen muss, bevor es detektiert werden kann. Dies senkt zum einen die statistische Wahrscheinlichkeit der Registrierung eines Ereignisses, also die Empfindlichkeit und erhöht zum anderen die Herstellungskosten. Dieses Problem kann mittlerweile durch Verwendung moderner Polymere, die direkt Photonen im sichtbaren Bereich emittieren umgangen werden, was eine hohe Empfindlichkeit und Effizienz mit geringen Produktionskosten verbindet.

1.4 Photomultiplier

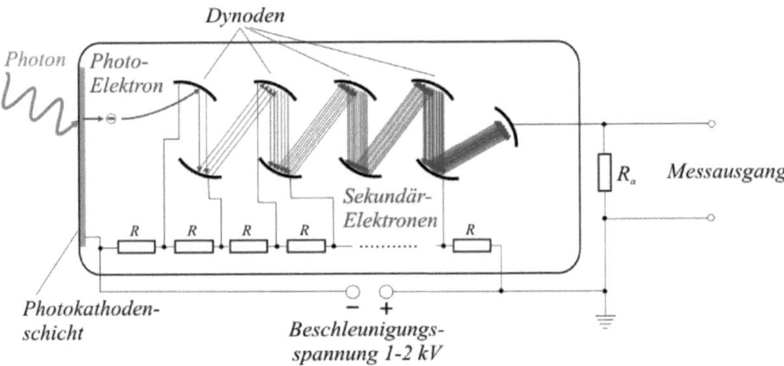

Abbildung 1: Schematischer Aufbau eines Photomultipliers [2]

Der Photomultiplier ist ein elementarer Bestandteil des Versuchsaufbaus, da in den Szintillatoren nur einzelne, bzw. äußerst geringe Anzahlen von Photonen erzeugt werden, diese jedoch zuverlässig nachgewiesen werden können müssen.

Ein Photomultiplier besteht üblicherweise aus einer Photokathode, die aus einfallenden Photonen durch den Photoeffekt Elektronen freisetzt. Das Material der Photokathode sollte hier so gewählt werden, dass sie für die Energie der im Versuch entstehenden Photonen sensibel ist. Die freien Elektronen befinden sich nun in einer evakuierten Glasröhre und werden durch ein dort angelegtes positives Potential auf die erste Dynode beschleunigt. An der Dynode angekommen ist die kinetische Energie des Elektrons so groß, dass es aus der Oberfläche der Dynode zwischen 3 und 10 Sekundärelektronen herausschlägt. Da die benachbarten Dynoden auf zunehmend positiven Potentialen liegen werden die Elektronen von Dynode zu Dynode beschleunigt, wobei ihre Anzahl exponentiell zunimmt. Nach der letzten Vervielfältigungsdynode treffen die Elektronen auf eine Anode und fließen über einen Ausgangswiderstand zur Erde ab, dabei tritt ein messbarer Spannungsabfall auf, welcher als relatives Maß für die Anzahl der ursprünglichen Photonen dient.

2 Maximum-Likelihood-Methode [3]

Dieses Verfahren ist das wichtigste zur Gewinnung von Schätzfunktionen für die Parameter einer Verteilung. Man nennt diese Methode auch Methode der maximalen Mutmaßlichkeit bzw. Größte-Dichte-Methode.
Die diskrete bzw. stetige Zufallsvariablen X_i in der Grundgesamtheit habe die Wahrscheinlichkeitsfunktion bzw. die Dichtefunktion $f(x|\vartheta)$. Die Verteilung muss vom Typ her bekannt sein, was eine wichtige Voraussetzung der Maximum - Likelihood - Methode ist. Diese Verteilung hängt von einem unbekannten Parameter ϑ ab.

Beispiel 1:
So muss z.B. bekannt sein, dass die Grundgesamtheit binomialverteilt ist. Dann ist $f(x|\vartheta)$ die Wahrscheinlichkeitsfunktion der Binomialverteilung $B(n; \pi)$, die von dem Parameter π abhängt, denn für verschiedene Werte von π ergeben sich unterschiedliche Wahrscheinlichkeiten für die Realisationen von X_i.

Beispiel 2:
Es ist bekannt, dass die Zufallsvariable X_i in der Grundgesamtheit normalverteilt ist, d.h. $f(x|\vartheta)$ ist die Dichtefunktion der Normalverteilung. Die Normalverteilung hängt von den Parametern μ und σ^2 ab, von denen z.B. der Erwartungswert $E(X) = \mu$ unbekannt ist.

Aus der Grundgesamtheit wird eine einfache Zufallsstichprobe $(X_i, \ldots, X_n)$ vom Umfang n gezogen. Damit sind die Stichprobenvariablen unabhängig und identisch verteilt wie X in der Grundgesamtheit:

$f(x_i|\vartheta)$ für alle $i = 1, \ldots, n$.

Die gemeinsame Verteilung aller Stichprobenvariablen ergibt sich aufgrund der Unabhängigkeit als das Produkt der einzelnen Verteilungen:

$$P(\{X_1 = x_1\} \cap \ldots \cap \{X_n = x_n\}|\vartheta) = f(x_1, \ldots, x_n|\vartheta) = f(x_1|\vartheta) \cdot \ldots \cdot f(x_n|\vartheta) \quad (4)$$

Vor der Ziehung der Stichprobe ist $f(x_i, \ldots, x_n|\vartheta)$ für diskrete Variablen die Wahrscheinlichkeit dafür, eine Stichprobe $(x_i, \ldots, x_n)$ bei festem (unbekanntem) Parameter ϑ zu erhalten. Bei stetigen Variablen tritt an die Stelle der Wahrscheinlichkeit eine stetige Dichte.

$f(x_i, \ldots, x_n|\vartheta)$ hängt sowohl von den konkreten Realisierungen $x_i, \ldots, x_n$ der Stichprobenvariablen als auch vom unbekannten Parameter ϑ ab.

Nach der Ziehung der Stichprobe liegen die Stichprobenwerte fest vor. Dann hängt das Produkt $f(x_i, \ldots, x_n|\vartheta)$ nur noch von dem Parameter ϑ ab. Um dies zu verdeutlichen, schreibt man

$$L(\vartheta|x_1, \ldots, x_n) = f(x_1|\vartheta) \cdot \ldots \cdot f(x_n|\vartheta) = \prod_{i=1}^{n} f(x_i|\vartheta) \quad (5)$$

Diese Funktion $L(\vartheta)$ heißt Likelihood - Funktion von ϑ und ist das Produkt von n identischen Wahrscheinlichkeits- bzw. Dichtefunktionen der Stichprobenvariablen. Für jeden möglichen Wert ϑ gibt $L(\vartheta)$ die Wahrscheinlichkeit für die konkret realisierte Stichprobe $(x_i, \ldots, x_n)$ an.

Das Prinzip der Maximum-Likelihood-Methode zur Konstruktion von Schätzfunktionen besteht nun darin, denjenigen Wert $\hat{\vartheta}$ zu finden, für den die Likelihood-Funktion ihr Maximum annimmt:

$$L(\hat{\vartheta}) = \max_{\vartheta} L(\vartheta) \quad (6)$$

Zur konkreten Stichprobe $(x_i, \ldots, x_n)$ wird somit derjenige Parameterwert $\hat{\vartheta}$ gesucht, der die plausibelste Erklärung für die Realisierung dieser Stichprobenwerte liefert.

Unter bestimmten Voraussetzungen hat $L(\vartheta)$ bei festen Werten $x_i, \ldots, x_n$ genau ein Maximum.

Notwendige Bedingung für das Erreichen eines Maximums ist das Verschwinden der ersten Ableitung von $L(\hat{\vartheta})$ nach ϑ:

$$\frac{\partial L(\hat{\vartheta})}{\partial \vartheta} = 0 \quad (7)$$

Zur Vereinfachung der Ableitung wird oftmals die logarithmierte Likelihood-Funktion $ln\ L(\widehat{\vartheta})$. Da der Logarithmus einer Funktion eine streng monotone Transformation ist, besitzt $ln\ L(\widehat{\vartheta})$ sein Maximum genau an der Stelle, an der auch das Maximum der Likelihood-Funktion ist. Die Bestimmungsgleichung ist dann

$$\frac{\partial \ln L(\widehat{\vartheta})}{\partial \vartheta} = 0 \tag{8}$$

Der so gefundene Wert $\widehat{\vartheta}$ wird als Schätzwert für den unbekannten Parameter ϑ gewählt und als Maximum-Likelihood-Schätzung oder kurz als ML-Schätzung bezeichnet. Die resultierende Schätzfunktion heißt Maximum-Likelihood-Schätzer (ML-Schätzer) für ϑ.
Über die zweite Ableitung von $ln\ L$ nach ϑ muss geprüft werden, ob an der Stelle $\vartheta = \widehat{\vartheta}$ tatsächlich ein Maximum vorliegt.

2.1 ML-Schätzer für λ einer exponentialverteilten Grundgesamtheit

Die Zufallsvariable X in der Grundgesamtheit sei exponentialverteilt mit dem unbekannten Parameter $\lambda > 0$. Die Dichtefunktion von X lautet:

$$f_{EX}(x|\lambda) = \begin{cases} \lambda \cdot e^{-\lambda x} & , \text{ wenn } x \geq 0,\ \lambda > 0 \\ 0 & , \text{ wenn } x < 0 \end{cases} \tag{9}$$

Die Likelihood-Funktion für die realisierte Stichprobe $x_1, \ldots, x_n$ aus dieser Grundgesamtheit ist dann gegeben mit

$$L(\lambda|x_1, \ldots, x_n) = \prod_{i=1}^{n} \lambda \cdot e^{\lambda x_i} = \lambda^n \cdot \prod_{i=1}^{n} \cdot e^{-\lambda x_i} = \lambda^n \cdot e^{-\lambda \sum_{i=1}^{n} x_i} \tag{10}$$

und die Log - Likelihood - Funktion mit

$$\ln L(\lambda|x_1, \ldots, x_n) = n \cdot \ln \lambda - \lambda \cdot \sum_{i=1}^{n} x_i \tag{11}$$

Ableiten nach λ und Nullsetzen führt zu

$$\frac{\partial \ln L(\lambda)}{\partial \lambda} = \frac{n}{\lambda} - \sum_{i=1}^{n} x_i \tag{12}$$

Das notwendige Kriterium für die Existenz eines Maximums bei $\widehat{\lambda}$ lautet:

$$\frac{n}{\widehat{\lambda}} - \sum_{i=1}^{n} x_i = 0 \tag{13}$$

Für die ML - Schätzung für $\widehat{\lambda}$ der exponentialverteilten Grundgesamtheit resultiert:

$$\frac{n}{\widehat{\lambda}} = \sum_{i=1}^{n} x_i \tag{14}$$

$$\widehat{\lambda} = \frac{n}{\sum_{i=1}^{n} x_i} = \frac{1}{\bar{x}} \tag{15}$$

Die zweite Ableitung nach λ ergibt

$$\frac{\partial^2 \ln L(\lambda)}{\partial \lambda^2} = -\frac{n}{\lambda^2} \tag{16}$$

womit die hinreichende Bedingung für ein Maximum erfüllt ist, da $n > 0$ und $\lambda > 0$ sind. [3]

3 Aufbau

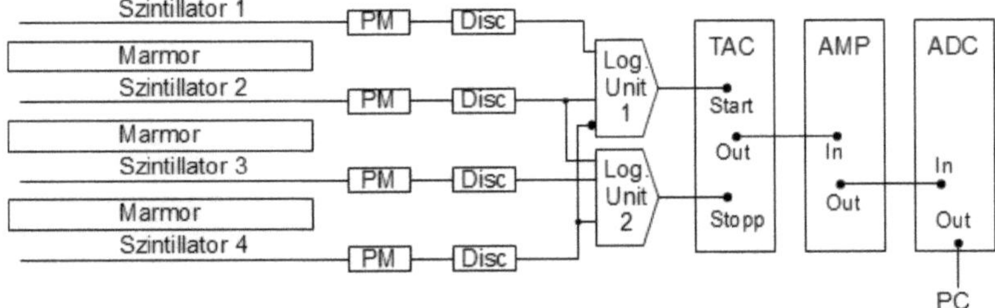

Abbildung 2: Schematischer Versuchsaufbau mit Detektoren und Messelektronik [4]

Für den Versuch verwendet wurde ein neuer Versuchsaufbau mit vier Szintillatoren und Photomultipliern, der nicht dem im Versuchsskript beschriebenem Aufbau entspricht. Die Szintillatoren sind hier keine Plastikblöcke mehr, sondern längliche Stangen und deutlich größer als im alten Aufbau. Als Absorptionsmaterial zwischen den Szintillatoren, mit dem die Myonen wechselwirken sollen, wurden drei Marmorplatten verwendet, desweiteren wirken die oberen Etagen des

Unigebäudes als natürlicher Filter.

Die in den Szintillatoren entstehenden Photonen gelangen mit einer hohe Effizienz in einen benachbarten Photomultiplier, dessen Signal in einen Diskriminator geleitet wird. Dieser wandelt die Signale des Multipliers in einheitliche Rechteckspannungen um, damit diese in den beiden Logikschaltkreisen binär ausgewertet werden können. Die Verknüpfungen zu den Logikschaltkreisen die in der Hauptmessung verwendet wurden sind bereits in Abbildung 2 zu sehen. Das Signal von Logikschaltkreis 1 fungiert als Startsignal für den TAC, einen Zeitmesser, und Logikschaltkreis 2 als Stoppsignal. Begonnen wurde die Zeitmessung, wenn Szintillator 1 und 2 ein Ereignis registrieren, Szintillator 4 jedoch nicht und beendet wurde die Messung wenn Szintillator 2, 3 oder 4 ein Ereignis registrieren. Schließlich wird das Signal des TAC im AMP verstärkt und im ADC in ein für den Computer verwertbares Format kompiliert. Die Auswertung erfolgt am Computer über die Software WinTCMA.

4 Durchführung und Auswertung

Im Folgenden wird die Durchführung des Versuches mit anschließender Auswertung besprochen.

4.1 Einstellen des Arbeitspunktes

Zunächst muss die Hochspannung an den Szintillatoren 1 und 2 so eingestellt werden, dass die Zahlrate ein Maximum bzw. ein Plateau erreicht. Nur so ist man oberhalb der Sättigung und somit am optimalen Arbeitspunkt. Zunächst wird also die Spannung am Szintillator 1 variiert, während der zweite bei 2100 V gehalten wurde. Als nächstes wird dies umgekehrt wiederholt. Aufgrund des neuen Versuchsaufbaus ist nicht bekannt gewesen, ob man wirklich beide Szintillatoren nacheinander Einstellen muss. Deshalb wird dies durch gleichzeitiges Variieren überprüft. Die Ergebnisse der Messungen sind in Tabelle 1 zu sehen. Die Ereignisse wurden über einen Zeitraum von einer Minute aufgenommen. Die Messwerte sind in Abbildung 3, Abbildung 4 und Abbildung 5 aufgetragen. Man erkennt bei allen drei deutlich die Sättigungscharakteristik des Verlaufs. Für beide Szintillatoren wurde als Arbeitspunkt 2,1 kV gewählt. Dies ist der maximale Wert welchen wir laut Versuchsanleitung benutzen können. Man erkennt, dass man bei dieser Wahl eindeutig oberhalb der Sättigung liegt und somit optimale Funktionsfähigkeit erreicht.

Wichtige Erkenntnis bei der Arbeitspunkteinstellung erkennt man an dem gleichen Verlauf der 3. Messung sowie an dem gleichen Arbeitspunkt. Hier kann also in der Zukunft der Arbeitspunkt der Szintillatoren mit nur einer Messung eingestellt werden.

Tabelle 1: Messwerte der Arbeitspunktmessung

Szintillator 1		Szintillator 2		gleichzeitig	
Spannung in kV	Ereignisse	Spannung in kV	Ereignisse	Spannung in kV	Ereignisse
1,5	0	1,5	26	1,5	1
1,6	3	1,6	68	1,6	6
1,7	47	1,7	171	1,7	48
1,8	102	1,8	184	1,8	129
1,9	191	1,9	212	1,9	207
2	239	2	240	2	238
2,05	245	2,1	238	2,1	243
2,1	248			2,15	240
2,15	250				

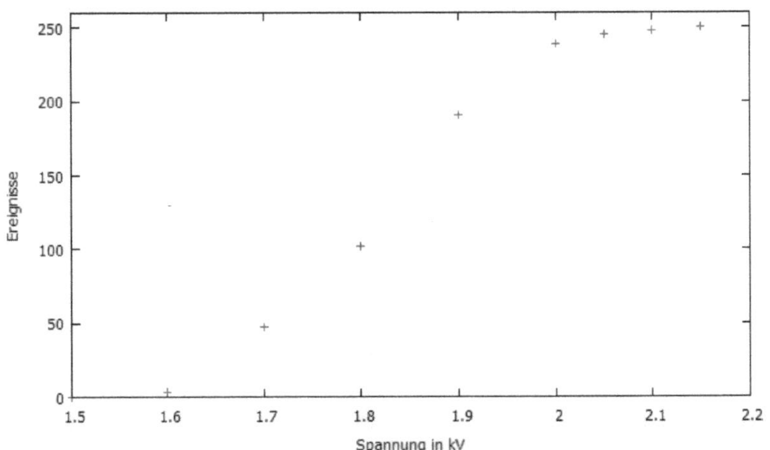

Abbildung 3: Ereignisse gegen Spannung beim Szintillator 1

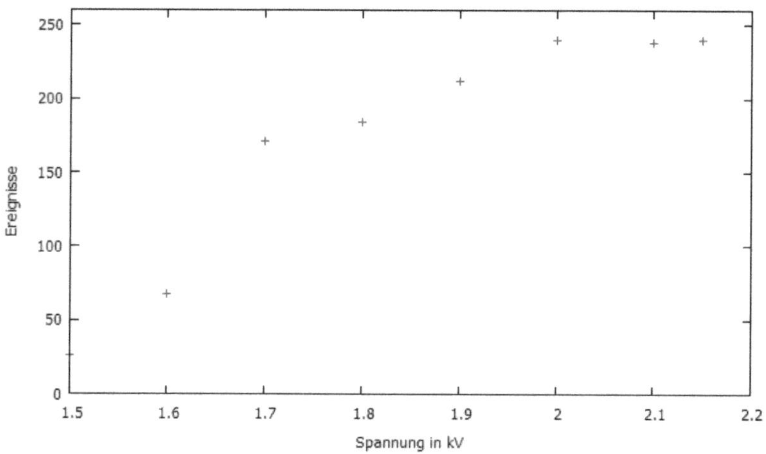

Abbildung 4: Ereignisse gegen Spannung beim Szintillator 1

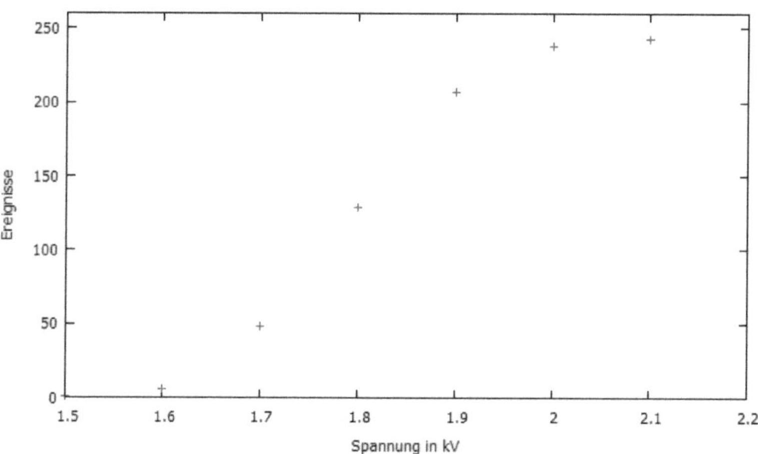

Abbildung 5: Ereignisse gegen Spannung beim gleichzeitigen Variieren

4.2 Überprüfen der Diskriminatoreinstellungen

Der Diskriminator wandelt das Signal der Szintillatoren in Rechteckpulse um, welche dann von den Logikschaltungen weiterverarbeitet werden können. Die Qualität dieser soll nun überprüft werden. Hierzu wird das Signal vor und nach dem Diskriminator gleichzeitig auf ein Oszilloskop gegeben und einzelne Ereignisse betrachtet. In Abbildung 6 ist eine gute Übertragung in ein Rechtecksignal erkennbar. Durch mehrmaliges Überprüfen sind jedoch auch nicht so gute Übertragungen wie in Abbildung 7 zu erkennen. Hier wird aus einem eventuell auch zwei Peaks (links) 3 Rechteckpulse gemacht. An der rechten Seite entsteht dies auf jeden Fall nur durch Rauschen. Somit entsteht ein Signal, wo keines sein sollte. Dies kann zu falschen Zählergebnissen führen und sollte berücksichtigt werden.

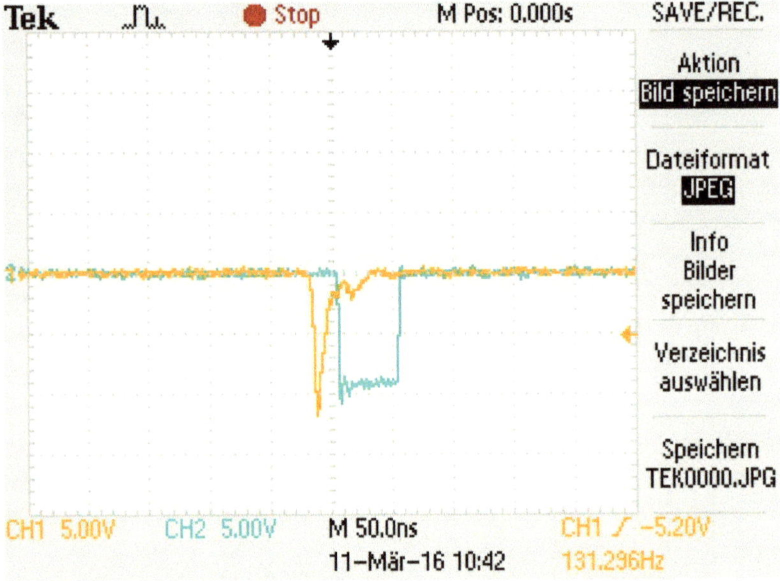

Abbildung 6: Übersetzung des Szintillatorsignals per Diskriminator

5 Effizienz der Szintillatoren

Um die Effizienz der Szintillatoren abzuschätzen, wird die Zählrate von einem Event in allen vier Szintillatoren mit einem in den Szintillatoren 1, 2 und 4 bzw.

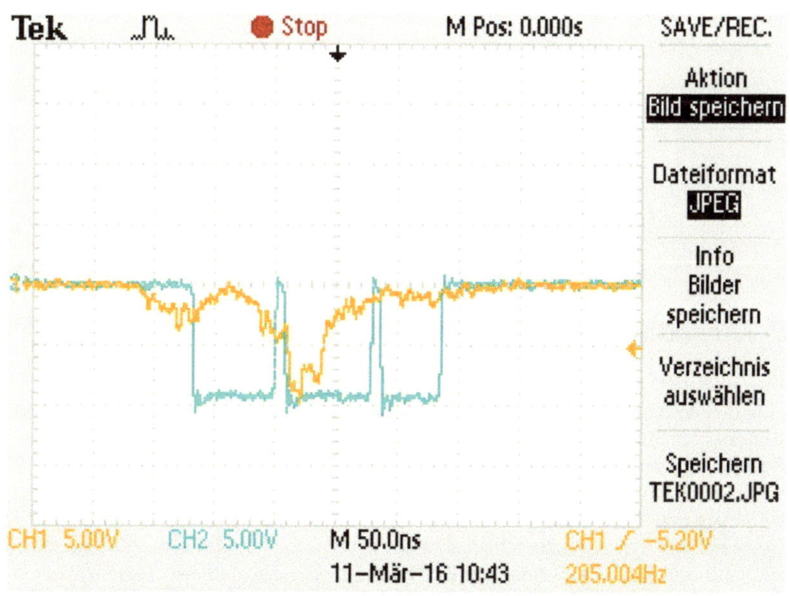

Abbildung 7: 3-Fach Übersetzung mit falschem Signal (rechts)

1, 3 und 4 gemessen. Erwartet wird, dass die Zählrate bei einem gleichzeitigen
Event in allen 4 Szintillatoren kleiner ist, als bei einer Koinzidenz von nur 3
Szintillatoren, da zufällige unabhängige Signale in an 3 Stellen wahrscheinlicher
sind als bei 4. Man stelle sich also vor ein Myon durchdringt Szintillator 1 und
zerfällt schließlich im zweiten. Sollte nun zufälligerweise im vierten Szintillator ein
Untergrundereignis zur gleichen Zeit stattfinden wird bei einer Dreier-Koinzidenz
von 1&2&4 ein Falsch-Ereignis gezählt, während eine Vierer-Koinzidenz dies nicht
tut. Betrachten wir also nun die Effizienz. Die Messwerte und Ergebnisse sind
in Tabelle 2 zu sehen. Es wurde erneut über eine Zeitspanne von einer Minute
gemessen. Somit erhält man eine gemittelte Effizienz von 98,675%.

Tabelle 2: Messwerte und zugehörige Effizienz

c1	c2	c1/c2
1+2+3+4	1+2+4	
414	420	0,986
1+2+3+4	1+3+4	
395	400	0,9875

6 Messung des Delay-Einflusses

Nun wird der Einfluss des Delays zwischen den Signalen aufgrund von unter-
schiedlichen Kabellängen untersucht. Dazu wird zunächst das Signal eines Szin-
tillators zum einen direkt zum anderen über ein Delayeinheit, an der verschiedene
Verzögerungen dem Signal hinzugefügt werden können, zur Logikeinheit geführt.
Zusätzlich werden beide Signale auch zur Visualisierung zum Oszilloskop geführt.
Die statischen Verzögerungen aufgrund der Signalleitung durch unterschiedliche
Kabel sind in Tabelle 3 zu sehen. Abbildung 8 zeigt den statischen Delay, wenn
keine zusätzliche Verzögerung an der Delayeinheit eingestellt ist. Laut Tabelle 3
sollte die Verzögerung 4 ns sein. Auf dem Oszilloskop erkennt man eher eine
Verzögerung von ca. 5 ns. Dies lässt sich jedoch einfach durch die nicht berück-
sichtigten Signalwege, wie z.B. Anschlussstücke usw., erklären. Abbildung 9 zeigt
das Signal bei einem zusätzlichem Delay von 32 ns. Berücksichtigt man den statischen Offset stimmt die Verschiebung überein. In Abbildung 8 und Abbildung 9
sind zwei verschiedene Delays zwischen den beiden Signalen zu sehen.
Nun wird für eine Koinzidenz beider Signale die Zählrate für verschiedene Delays
betrachtet. Es wurde erneut über eine Minute gemessen. Die Messwerte sind in
Tabelle 4 zu sehen. Man erkennt deutlich , dass ab einer Verzögerung von mindestens 48 ns die Zählrate drastisch abfällt. Vorher sind jedoch kaum Veränderungen
zu sehen und die Zählrate bleibt nahezu konstant. Überraschenderweise fällt die

Tabelle 3: Satische Delays durch Signalführung

Signal Delay in ns	Signal ohne Delay in ns	Anzeige Delay in ns	Anzeige ohne Delay in ns
10	10	10	10
2	2	2	2
2		2	
2		2	
2			
$\sum$ 18	12	16	12

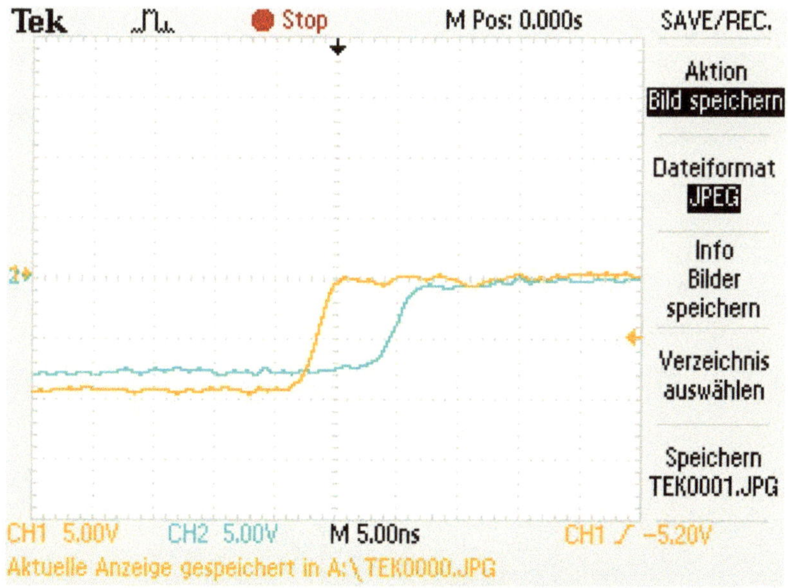

Abbildung 8: Signale bei nur statischem Delay

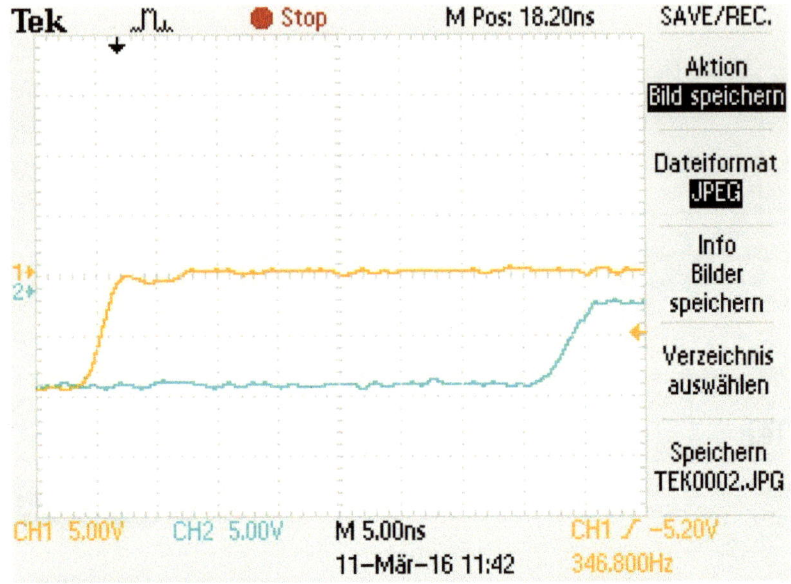

Abbildung 9: Signale bei Delayeinstellung 32 ns

Tabelle 4: Messwerte der Zählrate für verschiedene Delays

Delay Einstellung	Ereignisse
0	16700
2	17600
4	17200
8	16900
16	17500
32	17700
48	9000
60	7800

Zählrate jedoch nicht auf Null ab. Dies wurde vorher vermutet, da ab einer bestimmten Verzögerung beide Signale sich nicht mehr überschneiden sollten und somit nicht gezählt werden. Dies lässt sich aber dadurch erklären, dass durch die große Menge an Ereignissen es sehr leicht passiert, dass ein verzögertes Signal gleichzeitig mit einem anderen, späteren Ereignis zusammenfällt und dieses nun gezählt wird.

7 Hauptmessung

Nun wird die Hauptmessung durchgeführt. Hierzu stehen verschiedene mögliche Logikschaltungen zu Verfügung, welche alle unterschiedliche Zwecke erfüllen. Die möglichen Start und Stopp Zustände sind in Tabelle 5 aufgelistet. Hierbei dienen

Tabelle 5: Mögliche Start-Stopp Logikschaltungen (Die Zahlen stehen für die einzelnen Szintillatoren)

Start-Signal	Stopp-Signal
1&!4	2|3|4
1&2&!4	2|3|4
1&2&3&!4	3|4
!1&3&4	1|2|3
!1&2&3&4	1|2|

die ersten drei zur eigentlichen Hauptmessung, während man mit den letzten beiden die Flugrichtung (also ob Myonen von unten kommen) überprüfen kann. In den letzten beiden wird für den Start ein Signal in 3 und 4 bzw. 2 und 3 und 4 verlangt, während keines in 1 registriert wird. Das bedeutet, dass das Myon von unten durch die Szintillatoren fliegt aber vor dem ersten Zerfällt. Die Messung stoppt dann, wenn in 1 oder 2 (oder 3) ein Signal registriert wird. Das Myon ist dann in ein Elektron und Neutrinos zerfallen. Der Unterschied zwischen diesen beiden Methoden besteht nur in der Genauigkeit bzw. der Effizienz, da bei dem 4. Aufbau mehr Zufallsereignisse bzw. Untergrund gezählt wird es jedoch mehr Statistik gibt. Methoden 1-3 können alle für die Hauptmessung verwendet werden. Sie funktionieren wie die bereits erklärten Logikschaltungen nur eben von oben, wo die Myonen erwartet werden. Auch hier steigt die Genauigkeit von Methode 1 bis 3 an jedoch braucht man mit zunehmender Genauigkeit auch mehr Messzeit. Da die Messung über ein Wochenende (Freitag Mittag bis Montag Morgen) durchgeführt werden kann, wurde die Methode 3 gewählt.

Für die Auswertung müssen die aufgenommenen Werte zunächst bereinigt werden. D.h. es liegen häufig Doppel- oder Dreifachereignisse vor, wo 2 oder 3 aufein-

anderfolgende Werte nahezu identisch sind. Diese wurden bereinigt, sodass immer
nur ein einzeln Wert vorhanden ist.

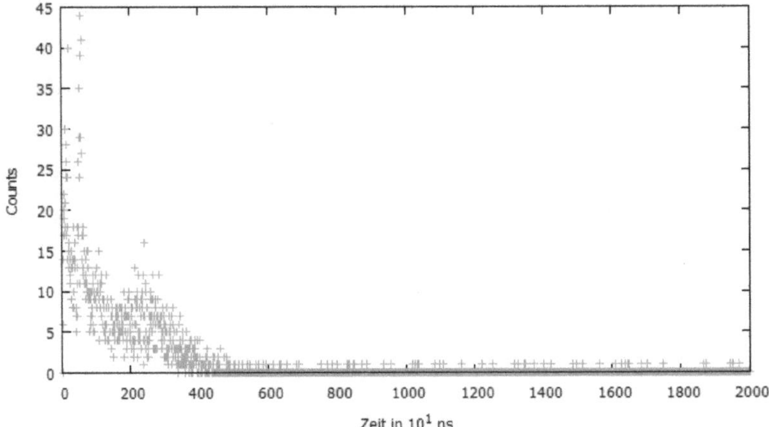

Abbildung 10: Histogramm der Hauptmessung

Das daraus resultierende Histogramm ist in Abbildung 10 zu sehen. Der Parameter λ aus Gleichung 2 soll nun per Maximum-Likelihood-Methode abgeschätzt
werden. Da es sich also um eine Exponentialverteilung handelt kann Gleichung 15
verwendet werden. Dies ergibt einen Wert für $\frac{1}{\lambda} = T = 1,6265\mu s$. Der Statistische-
Fehler wird nun durch die 2σ Umgebung des Maximums der Log-Likelihood-
Funktion bestimmt. Hier ergibt sich ein Wert zu $\Delta T = 0,0004\mu s$. Dies stellt nur
den statistischen Fehler dar. Anhand der Abweichung vom Literaturwert von etwa 35% lässt sich schließen, dass in dem Versuchsaufbau und der Durchführung
noch erhebliche systematische Fehler verborgen sind. Ein Zahlenwert lässt sich
für diesen nicht festlegen. Auffällig ist in diesem Zusammenhang auch der nicht
erklärbare Peak am Anfang des Histogramms.

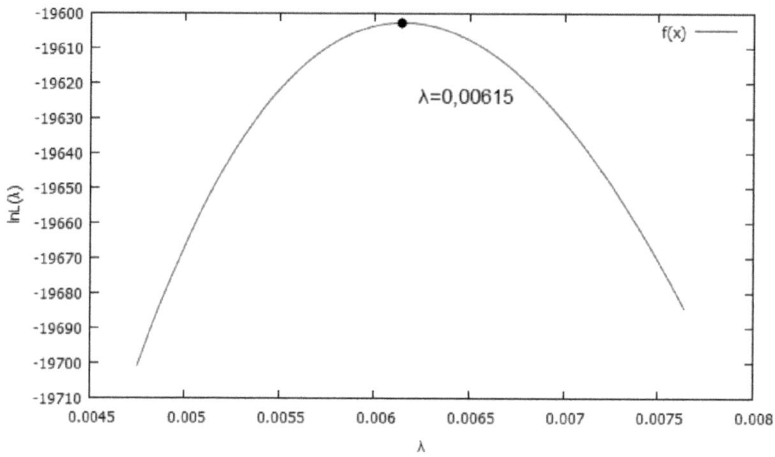

Abbildung 11: Maximum der Log-Likelihood-Funktion

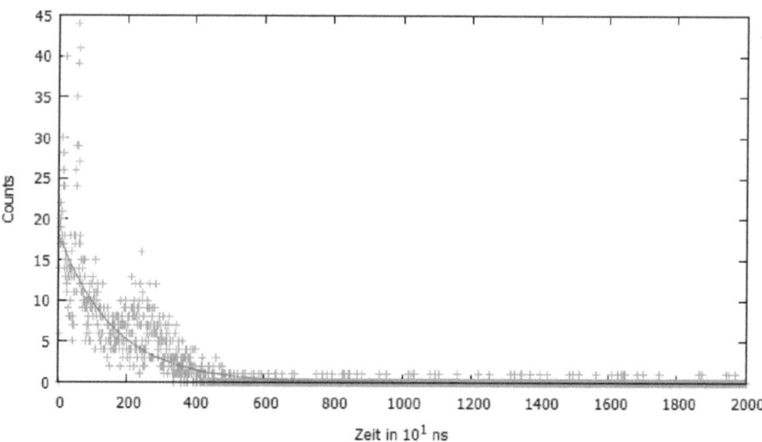

Abbildung 12: Histogramm und resultierender Fit

8 Fazit

In diesem Versuch konnte die Lebensdauer von Myonen auf $T = 1,6265\mu s$ mit statistischem Fehler von $\Delta T = 0,0004\mu s$ was in etwa 0,04% entspricht, bestimmt werden. Die Abweichung zum Literaturwert werden durch nicht identifizierbare statistische Fehler erklärt. Zusätzlich wurde vor der Durchführung der Hauptmessung der Arbeitspunkt der Szintillatoren eingestellt. Hier konnte die Erkenntnis getroffen werden, dass man auch durch gleichzeitiges Einstellen der Szintillatoren den Arbeitspunkt trifft. Dies beschleunigt die zukünftige Durchführung. Außerdem wurde die Güte der Diskriminatorübersetzung überprüft und schließlich die Effizienz der Szintillatoren auf 98,675% bestimmt werden. Ebenfalls wurde der Einfluss verschiedener starker Signalverzögerungen überprüft. Dieser wird erst ab einer Verzögerung von mindestens 48 ns relevant.

Literatur

[1] Lebensdauer Myonen: `http://pdg.web.cern.ch/pdg/2013/tables/contents_tables.html`

[2] Photomultiplier: `https://de.wikipedia.org/wiki/Photomultiplier`

[3] Maximum-Likelihood-Methode: `http://mars.wiwi.hu-berlin.de/mediawiki/mmstat_de/index.php/Sch%C3%A4tztheorie_-_STAT-Konstruktion_von_Sch%C3%A4tzfunktionen`

[4] Protokoll von Scheid/Zagorny, Abb.2, S.5